Ville de Bordeaux.

Bureau de bienfaisance.

Formulaire pharmaceutique.

1860.

BORDEAUX — IMPRIMERIE DE F. DEGRÉTEAU ET Cⁱᵉ.

VILLE DE BORDEAUX

BUREAU DE BIENFAISANCE

FORMULAIRE

PHARMACEUTIQUE

ADOPTÉ LE 30 OCTOBRE 1860

ET

APPROUVÉ PAR M. LE PRÉFET

LE 2 FÉVRIER 1861.

BORDEAUX

IMPRIMERIE ET LIBRAIRIE MAISON LAFARGUE

L CODERC, F. DEGRÉTEAU ET J. POUJOL, SUCCrs

Rue du Pas-Saint-Georges, 28

1861

RAPPORT

DE LA COMMISSION

INSTITUÉE LE 7 MARS 1860

POUR RÉVISER

LE FORMULAIRE ET LE TARIF

A MM. les Membres du Bureau de Bienfaisance

MESSIEURS,

En 1852, le Bureau de Bienfaisance avait exprimé, dans un nouveau Formulaire, combien il était utile d'y inscrire des médicaments efficaces, mais nullement de luxe; des formules d'une exécution facile et doublement économiques, pour le temps des Sœurs et des Médecins et pour le budget des pauvres.

Tout d'abord comprise et réalisée, la pensée qui avait dicté ce formulaire amena une réduction considérable dans les dépenses; mais il avait été prévu que les médecins pourraient avoir besoin d'étendre leurs prescriptions bien au-delà du cercle qui y était tracé, et il fut permis de s'en écarter, en ayant seulement le soin d'inscrire le mot *exception* sur les ordonnances.

Or, depuis 1852, la réorganisation du service médical, l'introduction dans la thérapeutique d'agents inconnus à cette époque, et la latitude de l'*exception*, ont si bien fait délaisser le formulaire, qu'il y avait urgence à le réviser pour obéir à des exigences nouvelles.

Votre sollicitude pour les intérêts des pauvres ne pouvait, Messieurs, vous permettre de retarder une réforme dont vous aviez compris l'utilité; et vous en avez confié l'exécution à une Commission qui, pour répondre à votre pensée, a satisfait de son mieux aux indications suivantes :

1° Mettre à la disposition des Bureaux auxiliaires toutes les substances actives nécessaires au soulagement ou à la guérison des malades ;

2° En laissant à chaque médecin le droit et la possibilité d'introduire dans ses prescriptions les médicaments inscrits dans le nouveau formulaire, indiquer, particulièrement, ceux qui sont relativement peu coûteux, eu égard à leur efficacité ;

3° Faire choix de formules commodes pour éviter le plus possible des manipulations spéciales, souvent longues et difficiles sans aucun profit.

Afin de répondre à ces indications, nous avons, en premier lieu, dressé une liste alphabétique, complète, de toutes les substances ou préparations qui seront mises à la disposition de MM. les Médecins, sans qu'il soit aucunement permis de prescrire un médicament qui ne serait pas compris dans cette liste ; et par ce fait, l'*exception* n'ayant plus sa raison d'être, a été d'un commun accord, et à l'unanimité, supprimée par votre Commission.

En second lieu, persuadés, d'après notre expérience de chaque jour, que l'économie dans la médecine des pauvres doit se concilier avec une sage distribution de tous les médicaments d'une efficacité bien reconnue, nous nous sommes préoccupés de choisir des formules simples et commodes, assez variées pour suffire aux principales indications et nous nous sommes appliqués à rendre le médicament agréable en même temps que salutaire, les tisanes en particulier, toutes les fois que nous avons cru utile, pour les malades, cette modification à l'ancien ordre de choses.

En troisième lieu, nous avons pensé qu'après la révision du Formulaire, il y aurait convenance à réunir les Médecins des maisons de secours, et à confier à leur zèle l'exécution régulière des mesures décidées aujourd'hui, bien assurés que chacun d'eux prêtera son aide, son concours intelligent à une œuvre utile.

Nous ne pouvions perdre de vue que chaque diminution dans les dépenses médicales, permet d'augmenter la proportion des secours ordinaires ou extraordinaires de pain, de bouillon, de bois, etc.; mais nous croyons que les réformes écon-omiques doivent porter bien moins sur les substances employées que sur leur mode de préparation et les quantités livrées aux malades.

Les formules établies ou choisies par la Commission, afin de réaliser une double économie, de temps et d'argent, laissent néanmoins à MM. les Médecins le soin de doser, d'après les conditions individuelles des malades, la substance active de la préparation ; mais il sera indispensable de ne pas dépasser, quant à la quantité totale du médicament, le maximum fixé dans le Formulaire.

Les pauvres secourus, ne recevant ainsi que des remèdes nécessaires, ne pourront aussi aisément qu'aujourd'hui en perdre, en gaspiller même, et il restera toujours loisible au médecin de multiplier ses prescriptions, lorsque le cas l'exigera.

Il arrive souvent que les malades ne pouvant envoyer prendre chaque jour une tisane prescrite, demandent les substances qui doivent servir à sa préparation : il sera avantageux de satisfaire à ces demandes à la condition de ne donner que les quantités qui auraient servi à la confection des tisanes préparées dans les bureaux ; mais il importe d'ajouter que cette condition ne concerne nullement les substances édulcorantes (sucre, miel, sirop), qui ne devront jamais être prescrites en nature : mesure dont la sagesse est trop évidente pour que nous ayons besoin de vous en développer les motifs.

Une disposition de l'ancien formulaire prescrivait aux maisons de secours de s'approvisionner d'un grand nombre de médicaments dans des officines autorisées ; la Commission devait d'autant mieux maintenir cette sage prescription qu'il fallait en présence de l'extension donnée au Formulaire, limiter davantage les attributions des Sœurs chargées de la pharmacie, afin de diminuer, dans leur propre intérêt, et leur travail et leur responsabilité ; et, dans ce but, les formules non désignées comme devant être exécutées dans l'officine des Sœurs, le seront chez un pharmacien qui apposera son étiquette sur la préparation. Il résultera de cet ordre de choses, que des achats nombreux seront faits chez des pharmaciens, et, dès-lors, il importait d'introduire une modification dans le tarif, établi pour les

Sœurs placées dans des conditions bien différentes de celles où se trouvent les pharmaciens : nous avons pensé que pour satisfaire aux intérêts de ces derniers, il était juste d'augmenter pour eux de 20 p. 100 les prix des tarifs.

Nous terminons, Messieurs, en exprimant le désir de la Commission, de voir rétablir les visites des pharmacies des maisons de secours par le Comité pharmaceutique, disposition qui aura entre autres avantages, celui de permettre de recueillir toutes les observations intéressant le service des médicaments et de vous les soumettre, le cas échéant, si elles réclamaient quelque amélioration nouvelle.

Bordeaux, le 6 Août 1860.

Signés : CH. DE PELLEPORT, *Adr-Président,*
FAURÉ, *Vice-Président,*
ARNOZAN,
BARBET,
BOUSSIRON,
GELLIE, } *Membres.*
GONTIER,
SEGAY,
G. MÉRAN, *Secretaire-Rapporteur.*

1RE PARTIE

LISTE GÉNÉRALE ALPHABÉTIQUE

DES MÉDICAMENTS SIMPLES

ET DES PRÉPARATIONS MAGISTRALES
OU OFFICINALES

Qui peuvent être prescrits aux personnes secourues par le Bureau de Bienfaisance. (1)

A

Absinthe.

Acétate d'ammoniaque liquide. —Esprit de Mindererus.

— de plomb. Sucre de plomb. Sel de Saturne.

— (sous)—liquide, extrait de Saturne.

Acide acétique du vin, vinaigre.

— arsenieux liquide.

— chlorhydrique, acide muriatique.

— nitrique, azotique.

' Les médicaments dont le mode de préparation sera indiqué dans la deuxième partie, sont marqués d'un astérisque.

Acide sulfurique, huile de vitriol.

—   —   dilué.

— tartrique.

Aconit Napel.

Alcool. 3/6.

Alcoolat de mélisse composé.

Alcoolé ou teinture alcoolique d'anis.

    —   d'asa-fœtida.

    —   de Benjoin.

    —   de Belladone.

    —   de camphre; eau-de-vie camphrée.

    —   de cannelle.

    —   de cantharides.

    —   de ciguë.

    —   de citron.

    —   de colchique (de semences.)

    —   de datura.

    —   de digitale.

    —   de Gaïac.

    —   d'iode.

    —   de jusquiame

    —   de noix vomique.

    —   de quinquina.

    —   de raifort composé.

    —   de scille.

    —   de baume de Tolu.

Aloès.

Alun, sulfate d'alumine et de potasse.

Alun calciné, sulfate d'alumine et de potasse calciné.

Amadou.

Amidon.

Ammoniaque liquide.

Anis commun.

Antimoine diaphorétique lavé, oxide blanc
d'antimoine, antimoniate de potasse.

*Apozème purgatif ou potion purgative.

Armoise.

Arnica (fleurs d') montana.

Asa-fœtida.

*Axonge, graisse de porc purifiée.

*   —   populinée.

*   —   camphrée, pommade camphrée.

Azotate d'argent.

B

*Bain sulfureux.

Baume de copahu liquide.

     —   de Tolu.

     —   tranquille.

Belladone.

Borate de soude, borax, soude boratée.

Bourrache, fleurs et feuilles.

C

Cachou.

Calomel, mercure doux, protochlorure de mercure, chlorure mercureux, calomelas, etc.

Camomille.

Camphre.

Cannelle.

Carbonate de chaux.

— (sous-) de fer.

— de potasse pur.

— de soude.

— (Bi) de soude.

Cataplasme de farine de lin. C. émollient

— de riz.

Centaurée (petite.)

Cérat de Galien.

— sans eau.

— de Saturne, de Goulard, etc.

Charbon.

Charpie ordinaire grosse.

— — fine.

Chaux vive.

Chiendent.

Chlorate de potasse.

Chlorhydrate d'ammoniaque, sel ammoniac.

Chloroforme.

Chlorure de chaux.

— (deuto) de mercure, sublimé cor-
rosif.

— (proto) de mercure, calomel.

— de sodium, sel commun.

— de soude liquide, hypochlorite de
soude, eau ou liqueur de Labarraque.

Ciguë (feuilles et semences de).

Colchique (bulbes et semences de) en poudre.

*Collyre laudanisé.

*Collyre au sulfate de zinc.

Colophane en poudre.

Consoude.

Coquelicot.

Corne de cerf.

— — calcinée.

Crême de tartre; bitartrate de potasse, tartrate acidulé de potasse.

Crême de tartre soluble, tartrate boricopotas-
sique.

Créosote.

Datura stramonium, pomme épineuse, stra-
moine.

*Décoction blanche de Sydenham.

Deutochlorure de mercure.

— iodure de mercure.

Digitale pourprée (feuille de).

Diascordium.

Douce-amère.

E

*Eau blanche.

* — de chaux.

— gazeuse.

* — de goudron.

* — de Rabel. Acide sulfurique dilué.

— de-vie allemande.

* — de-vie camphrée.

— distillée.

— — de fleurs d'oranger triple. M. 60 grammes. [1]

— — de laurier-cerise.

— — de menthe

— de pin gemmé.

* — minérale sulfureuse artificielle (pour boisson.)

---

[1] La lettre M et les chiffres qui l'accompagnent désignent le maximum d'un médicament pouvant être prescrit sur une seule ordonnance.

Écorce de chêne (tan) en poudre grossière.

Élixir de longue vie.

Émétique, tartre stibié, tartrate antimonié de potasse.

Emplâtre agglutinatif.

— calmant belladoné.

— de Vigo C. M°.

Emplâtre simple.

*Émulsion simple.

Éponge préparée.

Ergot de seigle.

Ergotine, extrait d'ergot de seigle.

Essence de térébenthine.

Ether sulfurique.

Extrait d'absinthe.

— d'aconit (hydroalcoolique).

— de belladone.

— de cachou.

— de ciguë.

— de colchique.

— de datura.

— de digitale.

— de gaïac.

— de gentiane.

— de jusquiame.

— de noix vomique (alcoolique).

Extrait d'opium.
   — de quinquina.
   — de ratanhia.
   — de réglisse.
   — de valériane (hydroalcoolique).

F

Faltranck, espèces vulnéraires, thé de Suisse.
Fer en limaille fine.
Fougère (Rhizômes de) mâle.

G

* Gargarisme astringent..
Gaïac (bois de) rapé.
Genièvre (fruits, baies de).
Glycérine.
Gomme adraganthe en poudre.
   — gutte en poudre.
Goudron.
Grenadier (écorce du fruit et de la racine).
Guimauve (racines et fleurs de).

H

Houblon.
Huile de cade.
   — camphrée.
   — de croton tiglium.

Huile de foie de morue.
— d'œillette.
— d'olive.
— de ricin.

I

Iode.
Iodure de fer
— (deuto) de mercure.
— (proto) de mercure.
— de plomb.
— de potassium.
Ipécacuanha.

J

Jalap en poudre.
Jusquiame (feuilles et semences de).

K

Kermès minéral, sulfure d'antimoine hydraté.

L

Laudanum de Rousseau, vin d'opium par fermentation.
— de Sydenham.

*Lavement antispasmodique.

* — laudanisé.

Lichen d'Islande.

Lierre terrestre

*Limonade minérale ou sulfurique.

* — végétale ou tartrique.

Lin (graine de).

— (farine de). M. 250 grammes.

*Liniment ammoniacal.

* — calmant.

* — oléocalcaire.

*Liqueur minérale (arsenicale) fébrifuge.

*Looch blanc.

* — gommeux (potion gommeuse).

* — kermétisé.

M

Magnésie carbonatée.

   — calcinée.

Manne en sortes.

Mélisse.

*Médecine ordinaire. Potion purgative.

Menthe poivrée.

Miel commun.

*Morphine (solution normale de)

*Morphine (sulfate de).

Moutarde.

Mousse de Corse, mousse de mer, helmintho-
corton.

N.

Nitrate d'argent.

— (sous) de bismuth.

— de potasse, salpêtre, nitre.

Noix de galle en poudre.

Noyer (feuille de)

O.

Onguent mercuriel double.

— de la Mère.

— populéum.

— de styrax.

— suppuratif.

— épispastique.

Opium en poudre.

Oranger (feuille d').

Orge.

Œufs.

Oxide de zinc.

Oxide rouge de mercure. (Précipité rouge).

Oxymel scillitique.

P.

*Pâte anthelminthique de semences de courge.

Patience (racine de),

Pavot (capsules, têtes de).

Perchlorure de fer liquide, à 30 degrés.

*Pilules d'aloës.

*   —   antispasmodiques.

    —   asiatiques.

*   —   astringentes d'alun et de cachou.

*   —   balsamiques de térébenthine cuite.

*   —   de Belladone.

    —   de Belloste.

*   —   de Blaud.

*   —   diurétiques.

*   —   dépuratives.

*   —   d'iodure de fer.

*   —   fébrifuges, pil. de quinine.

*   —   d'opium, thébaïques.

Poix de Bourgogne.

*Pommade anti-ophthalmique, au précipité rouge

    —   épispastique.

*   —   d'iodure de potassium.

*   —   calmante belladonée.

*   —   soufrée,

*   —   soufrée alcaline, d'Helmerich.

* Pommade stibiée, d'Autenrieth.
*   —   de suie.

Potasse purifiée.

    —   caustique à la chaux, en cylindres.

*Potion astringente au cachou.
*   —   antiémétique de Rivière.
*   —   antispasmodique.
*   —   au perchlorure de fer.
*   —   calmante N° 1.
*   —   calmante N° 2.
*   —   fébrifuge.
*   —   gommeuse.
*   —   kermétisée.
*   —   purgative, médecine ordinaire.
*   —   rasorienne.
*   —   simple.

*Poudre antigastralgique.

    —   de Vienne.

    —   de Rousselot.

Q.

Quassia amara.

Quinine brute.

Quinquina Calysaya.

    —   (poudre de) gris

R.

- Ratanhia.
  Réglisse.
* Remède contre le tænia.
  Riz en poudre.
* — en cataplasmes.
  Rhubarbe.

S

Sauge.
Sassafras.
* Solution émétocathartique.
* — normale de morphine.
Son de froment.
Sondes en gomme élastique.
Soufre sublimé. — Fleur de soufre.
Sous-nitrate de bismuth.
* Sparadrap.
* Sirop dépuratif.
* — d'iodure de fer.
— de chicorée composé, de rhubarbe. M 50.
* — de sucre.
* — vermifuge.
* — d'ipécacuanha.
* Strychnine.

Sucre en poudre.

Suie.

Sulfate de cuivre.

— de fer.

  * — de morphine.

— de magnésie.

— de quinine.

— de soude.

— de zinc.

Sureau. (Fleur de)

T

Tannin.

Tartrate de potasse et d'antimoine en poudre.

Teintures alcooliques. (Voy. *Alcoolés.*)

Térébenthine.

— cuite.

Thériaque.

Tilleul (fleur de)

* Tisane amère.

  * — antispasmodique

  * — de chiendent.

  * — diurétique.

  * — de douce-amère

  * — dépurative.

  * — de lichen.

' Tisane de menthe.

*   —   de noyer.

*   —   pectorale.

*   —   de riz.

*   —   de valériane.

*   —   de digitale.

V

Valériane.

Vésicatoire.

' Vin d'absinthe.

* — de gentiane.

* — de quinquina.

Vinaigre.

     —   scillitique.

2ᴱ PARTIE

FORMULES ET *MODUS FACIENDI*

DE PRÉPARATIONS OFFICINALES
ou MAGISTRALES

Seulement indiquées dans la Liste générale.

PHARM.[1] — **Acide arsenieux liquide. —
Liqueur minérale fébrifuge.**[2]

Acide arsénieux.............	20 centig.
Eau distillée.................	1000 grammes.
Alcoolat de mélisse composé	50 centig.
Teinture de cochenille......	*Q. S.*

Cinquante grammes de cette solution contiennent
1 centigramme d'acide arsénieux. [3] M. 50 gram.

[1] Les Pharmaciens seront chargés d'exécuter les préparations ainsi désignées, et d'y apposer leur étiquette.

[2] C'est sous ce dernier nom que ce médicament devra figurer dans les formules.

[3] La lettre M indique la quantité *maxima* qui pourra être prescrite en une seule ordonnance.

Acide sulfurique dilué. — Eau de Rabel.

Acide sulfurique à 66°.... 100 grammes.
Eau........................ 300 gr.

Verser *peu à peu* l'acide sulfurique dans l'eau et agiter à mesure, pour éviter la production subite de calorique ou même la projection du mélange.

Alcoolé de citron.

Zestes frais de citron....... 10 grammes.
Alcool $^3/_6$................... 90 gr.

Laisser macérer 8 jours et filtrer.

Cette préparation ne pourra être prescrite en nature ; elle servira seulement à faire partie, à titre de stimulant diffusible, de médicaments magistraux.

Alcoolé de camphre, eau-de-vie camphrée.

Eau-de-vie à 21°......... 1000 grammes.
Camphre................. 20 gr.
            M. 100 gr.

Axonge, ou graisse de porc purifiée.

Pr. Panne de porc.   *Q. S.*

Séparer les membranes, couper en morceaux que l'on lave, en les pétrissant, dans l'eau froide; alors égoutter la graisse et la faire fondre douce- ment jusqu'à évaporation de l'eau. Passer à travers un linge un peu serré; agiter jusqu'à refroidisse- ment.

Axonge populinée.

Bourgeons de peuplier.... - 100 grammes.
Axonge....·................. 1000 gr.
Eau........................ 80 gr.

Verser l'eau bouillante sur les bourgeons et lais- ser macérer 2 à 3 heures jusqu'à gonflement; ajou- ter l'axonge; chauffer jusqu'à ce que l'humidité soit dissipée; passer à travers un linge et agiter jusqu'à refroidissement.

Cette axonge qui empêche de rancir les pomma- des dans lesquelles elle entre comme excipient, ne devra être prescrite que dans ce but; et dans la majorité des cas il y aura lieu à n'employer que l'axonge.

B

Bain sulfureux.

Sulfure de potasse........ 100 grammes.
Eau.. .... 200 gr.

C

Cataplasme émollient.

Farine de lin... }
Son fin......... } a a, soit 125 grammes.

Délayer dans de l'eau froide pour une bouillie très-claire, que l'on fera chauffer jusqu'à consistance convenable, en ayant soin de remuer continuellement.

M. 1000 grammes.

Cataplasme de riz.

Riz...... .... 125 grammes.
Eau.......... *Q. S.* soit. 1000 gr.

M. 1000 gr.

Cérat de Galien.

Huile d'olive............... 500 grammes.
Cire.................... 125 gr.
Eau................,... 375 gr.

M. 50 gr.

Cérat de Goulard.

Cérat de Galien............. 7 parties.
Sous-acétate de plomb liquide. 1 partie.

Cérat simple sans eau.

Huile d'olive.............. 375 grammes.
Cire..................... 125 gr.

Collyre laudanisé.

Eau .... 50 grammes.
Laudanum de Sydenham.. 1 gr.

Collyre au sulfate de zinc.

Sulfate de zinc............ 0, 20 centig.
Eau...................... 50 grammes.

D

Décoction blanche.

Mie de pain............... 15 grammes.
Corne de cerf calcinée.... 5 gr.
Gomme.................... 5 gr.
Eau...................... 1200 gr.
Eau de fleur d'oranger... 10 gr.
Sirop.................... 25 gr.

Triturer, dans un mortier de marbre, la corne de cerf, ajouter la mie de pain et le sirop, triturer de nouveau; délayer dans les 1200 grammes d'eau; faire bouillir, ajouter la gomme, passer avec une

étamine très-peu serrée ; aromatiser avec l'eau
fleur d'oranger. Pour un litre de décoction.

M. 1000 gr.

E

Eau blanche de Saturne.— Eau végéto-minérale

Eau...................... ... 1000 grammes.
Sous-acétate de plomb....   20 gr.

M. la dose ci-dessus.

Eau de chaux.

Chaux vive............... *Q. S.*

Verser peu à peu de l'eau sur la chaux vive pou
la déliter ; prendre une partie de cette poudre,
l'agiter dans un flacon avec environ trente fois son
poids d'eau ; décanter après avoir laissé déposer le
liquide ; agiter le dépôt avec une nouvelle quantité
d'eau, laisser déposer et garder pour l'usage.

M.   500 gr.

Eau-de-vie camphrée.
(Voir *Alcoolé de camphre*).

Eau de goudron.

Goudron..............,..... 1000 grammes.
Eau.......... .... 10,000 grammes.

M. 2 litres.

PHARM.—**Eau sulfureuse pour boisson**

Sulfhydrate de soude (Sulfure
de sodium cristallisé)....... ⎫
Carbonate de soude cristallisé. ⎬ de chaque,
Chlorure de sodium............ ⎭ 0,135.
Eau privée d'air................. 625 gram.

Faire dissoudre et conserver dans des bouteilles
bien bouchées,

Emulsion simple.

Sucre...................... 25 grammes.
Amandes douces dépouil-
lées de leur pellicule.. 25 gr.
Eau...................... 200 gr.

Emplâtre agglutinatif pour sparadrap.

Emplâtre simple.......... 1000 grammes.
Huile d'olive de 40 gr. à. 100 g. selon la saison.

Faire fondre, à une douce chaleur ; étendre sur
des bandes de toile de coton ou de fil de 16 centi-
mètres de largeur et unir la surface avec un cou-
teau légèrement chauffé.

Emplâtre calmant.

Au centre d'un emplâtre simple, ou de sparadrap, dont les dimensions auront été indiquées par le médecin, étendre : Extrait de Belladone la dose prescrite.

Emplâtre vésicatoire.

Résine de pin.............	50 grammes.
Axonge.,................	50 gr.
Cire jaune................	50 gr.
Cantharides en poudre. .	75 gr.

Faire liquéfier sur un feu doux, la résine, l'axonge et la cire, passer à travers un linge et ajouter la poudre de cantharides ; remuer jusqu'à ce que l'emplâtre devienne solide.

En été, on emploie 40 grammes d'axonge et 60 grammes de cire.

G

Gargarisme astringent.

Alun......................	5 grammes.
Eau de riz................	450 gr.
Miel	50 gr.
M.	500 gr.

L

Lavement anti-spasmodique.

Asa fœtida...................... 2 grammes.
Jaune d'œuf .... N° 1.
Eau............................ 100 gr.

Avant de s'en servir, le mélanger avec une égale quantité d'eau tiède.

M. 2 doses.

Lavement laudanisé.

Eau de riz..................... 200 grammes.
Laudanum .... x gouttes.

M. 2 doses.

Limonade végétale, — Limonade tartrique.

Acide tartrique............... 1 gr. 50 cent.
Eau........................... 1000 grammes.
Sirop......................... 30 gr.

M. 2 litres.

Limonade minérale. L. sulfurique.

Acide sulfurique dilué ... 3 grammes.
Eau........................... 1000 gr.
Sirop......................... 30 gr.

M. 2 litres.

Liniment ammoniacal.

Huile d'œillette .... 60 grammes.
Ammoniaque liquide..... 5 gr.

Liniment calmant.

Huile d'œillette.. .... 50 grammes.
Camphre...
Laudanum. } de chaque.. 5 gr.

Liniment oléocalcaire.

Eau de chaux............. 150 grammes.
Huile d'olive.............. 30 gr.

Agiter le mélange et séparer l'eau.

Looch blanc.

Emulsion simple......... 80 grammes.
Gomme en poudre........ 10 gr.
Eau de fleur d'oranger... 10 gr.

Looch blanc kermétisé.

Looch blanc............,... 100 grammes.
Kermès........ .. .. 0, 25 centig.

P.

Pâte anthelminthique de semences de courge.

Graines de courge décor-
    tiquées................... 45 grammes.
Sucre...... .... 15 gr.

Pilez exactement pour obtenir une pâte fine.

Pilules antispasmodiques.

Asa-fœtida.................. 1 gramme.
Camphre................... 50 centig.
Extrait de valériane........ 1 gr.
Poudre de guimauve....... Q. S.

M. faites 20 pilules.

Pilules astringentes.

Alun et cachou a a........ 2 grammes.
Sirop Q. S. pour 20 pilules.

Pilules diurétiques.

Digitale en poudre récente. 1 gramme.
Scille .... 1 gr.
Scammonée................ 1 gr.
Sirop et poudre de réglisse. Q. S.

            pour 20 pilules.

Pilules fébrifuges.

Sulfate de quinine.........   1 gramme.
Extrait de gentiane........   1 gr.
                    pour 10 pilules.

Pilules aloétiques.

Aloès......................   2 grammes.
Alcool.....................   Q. S.
                    en 20 pilules.

Pilules de Blaud. (P. ferrugineuses.)

Sulfate de fer............   15 grammes.
Bicarbonate de soude.....   15 gr.
Miel ....   15 gr.
                    pour 100 pilules.

Pilules dépuratives mercurielles.

Proto-iodure de mercure..   20 centig.
Extrait de gentiane........   1 gramme.
Extrait thébaïque...........   5 centig.
Poudre de gaïac. ....   1 gramme.
                    pour 20 pilules.

Pilules d'iodure de fer.

Iode...................... 4 grammes.
Fer....................... 4 gr
Sirop..................... 4 gr.
Poudre de réglisse......... 8 gr.

pour 100 pilules.

Triturer vivement l'Iode, le Fer et le Sirop, ajouter la poudre de réglisse et rouler en pilules.

Pilules opiacées. — P. thébaïques.

Extrait thébaïque.......... 20 centig.
Poudre de réglisse........ 50 centig.
Sirop..................... *Q. S.*

pour 20 pilules.

Pilules de belladone.

Poudre récente de feuille
de belladone............. 20 centig.
Poudre de réglisse........ 1 gramme.

pour 20 pilules.

Pommade antiophthalmique au précipité rouge.

Oxide rouge de mercure..   20 centig.
Axonge populinée.........   5 grammes.
Cire.....................   1 gr.

Faire fondre la cire avec l'axonge, ajouter par trituration l'oxide rouge.

Pommade d'iodure de potassium

Iodure de potassium dis-
sous.....................   2 gram.
Axonge populinée.........   30 gr.

Pommade alcaline soufrée.

Axonge...................   350 grammes
Carbonate de potasse sec..   50 gr.
Soufre...................   100 gr.

Pommade de suie.

Axonge...................   40 grammes.
Suie.....................   10 gr.

Potion antiémétique de Rivière.

Nº 1. Bicarbonate de soude.   2 grammes.

Eau	85 gr.
Sirop......................	15 gr.
No 2. Acide tartrique.... ...	1 gr. 50 cent.
Eau..........................	85 grammes.
Sirop	15 gr.

Potion astringente au cachou.

Potion simple.............	100 grammes.
Extrait de cachou.........	2 gr.

Potion astringente au perchlorure de fer.

Potion simple.............	100 grammes.
Perchlorure de fer liquide	1 gr. 50 cent.

Potion fébrifuge.

Potion simple.............	100 grammes.
Sulfate de quinine........	50 centig.

Potion calmante (P. de morphine) no 1.

Potion simple..............	80 grammes.
Solution normale de morphine..................	20 gr.

Potion calmante (P. thébaïque) n· 2.

Potion simple............	95 grammes.
Extrait thébaïque........	5 centig.
Eau de laurier-cerise....	5 gr.

Potion gommeuse (pour excipient).

Eau......................	75 grammes.
Gomme...,..............	10 gr.
Sirop.	15 gr ·

Potion gommeuse kermétisée.

Potion gommeuse........	100 grammes.
Kermès..................	5 centig.

Potion purgative (médecine commune).

Follicule de séné........	10 grammes.
Sulfate de magnésie.....	20 gr.
Mélasse..................	30 gr.
Eau bouillante..........	125 gr.

Verser l'eau sur la follicule et le sel, laisser infuser deux heures, passer et ajouter la mélasse.

Potion rasorienne.

Infusion de camomille..	125 grammes.
Tartre stibié..............	25 centig.
Sirop.	25 gr.

Potion simple (pour excipient).

Eau.......................	80 grammes.
Eau de fleur d'oranger...	5 gr.
Sirop......................	15 gr.

Poudre magnésienne anti-gastralgique.

Sous-nitrate de bismuth...	2 grammes.
Magnésie calcinée..........	2 gr.

En dix doses.

S

Sirop dépuratif. — Sirop amer.— Sirop tonique.

Garance.....................	de chaque, 100 grammes.
Gentiane .... ·	
Quinquina calysaya	
Eau.......................	5000 gr.
Sucre.....................	5000 gr.

Deux heures d'ébullition des substances ; passer avec expression ; ajouter le sucre ; clarifier, et faire cuire à consistance sirupeuse ; après refroidissement, ajouter : Teinture de raifort composée............................... 200 grammes.

M. 300 gr.

PHARM. — **Sirop d'iodure de fer**.

Iodure de fer, (solution de Dupasquier à $1/_{10}$)............	20 gram.
Sirop.........................	280 gram.
M.	150 gram.

Sirop d'ipécacuanha.

Ipécacuanha en poudre........	30 centig.
Sirop de sucre..................	30 gram.

Mêlez.

Ce sirop ne pourra être préparé qu'extempora-
nément.

Sirop simple. — Sirop de sucre.

Eau	1 partie.
Sucre......,................,...........	2 parties.

Ce sirop ne pourra jamais être prescrit en nature.

Sirop vermifuge.

Racine de fougère mâle.....	50 gram.
Semen-contra.................	15 gram.
Mousse de Corse............,.	125 gram.
Eau........	1000 gram.

Faire une décoction de mousse de Corse. A la
fin, ajouter la racine de fougère et le semen-contra,

laisser infuser une heure, passer avec expression et ajouter à la colature :

Sirop...................... 1 kilogramme.

Clarifier et faire cuire.

M. 100 grammes.

PHARM. — Solution normale de morphine.

Sulfate de morphine.......   10 centig.
Eau de fontaine..........:. 230 grammes.
Alcool.....................   20 grammes.

Faites dissoudre.

Nota. — Chaque 30 grammes contiennent 12 milligrammes $1/_2$ de sel de morphine comme le sirop de morphine.

M. 60 grammes.

PHARM.—Sulfate de morphine (Poudre de)

Mélangé avec 10 parties de poudre de réglisse ou de sucre, selon qu'il sera prescrit pour être pris en pilules ou administré par la méthode endermique, ce médicament sera toujours dosé par un Pharmacien.

M. 0,05 centigrammes.

PHARM. — **Strychnine** (Sulfate de).

Mélangé avec 10 parties de poudre de sucre, et soigneusement divisé par le Pharmacien en doses de 5 milligrammes.

M. 0,025 milligrammes.

Solution éméto-cathartique.

Sulfate de magnésie........	40 grammes.
Émétique....................	10 centig.
Eau........................	500 grammes.

TISANES [1].

Tisane amère.

Gentiane....................	2 grammes.
Houblon.....................	2 gr.
Réglisse contuse	10 gr.

Faire infuser pendant une heure dans un litre d'eau bouillante. (1000 grammes.)

---

[1] La quantité de tisanes prescrite sur une seule ordonnance a été fixée à deux litres ; mais lorsque le médecin fera délivrer en nature les substances devant servir à leur confection, le *maximum* pourra être équivalent à quatre litres.

Tisane antispasmodique.

Feuille d'oranger.......... 2 grammes.
Fleur de tilleul.............. 2 gr.
Eau bouillante............. 1000 gr.

Une heure d'infusion, passer et ajouter :

Sirop.,..................... 30 gr.

Tisane dépurative.

Gaïac........ .... 10 grammes.
Patience..................... 5 gr.
Sassafras.................... 5 gr.
Réglisse..................... 5 gr.
Eau....................... Q. S.

Faire d'abord 1 kilogramme de décocté avec le Gaïac, la patience et la réglisse, dans lequel on fera infuser le sassafras.

Tisane de chiendent.

Chiendent coupé..,.......... 10 grammes.
Réglisse..................... 5 gr.

Eau Q. S. pour 1 litre de décoction.

Tisane de digitale.

Feuille de digitale.......... 1 gramme.
Eau de fontaine............. 1 litre.

Faire macérer à froid pendant quatre heures, passer et ajouter :

Sirop .... 30 grammes.

Tisane de douce-amère.

Douce-amère............... 10 grammes.
Réglisse .... 5 gr.
Eau .... Q. S.

Pour un litre de décoction.

Tisane diurétique.

Graine de lin............... 2 grammes.
Réglisse....... .... 5 gr.
Eau .... Q. S.

Pour un litre de décoction dans laquelle on fera infuser :

Cassis...................... 2 grammes.

Additionner de :

Nitrate de potasse........... 1 gr.

Tisane de lichen.

Lichen..................... 10 grammes.
Eau .... Q. S.

Le lichen aura préalablement été dépouillé de son principe amer par une infusion dans l'eau bouillante, ou une macération dans l'eau froide.

On fera un litre de décoction à laquelle on ajou-cera .

Sirop...................... 30 grammes.

Tisane de menthe poivrée.

Menthe poivrée.......... 5 grammes.
Eau...................... 1000 gr.
Sirop.. .... 30 gr.
  Infusion.

Tisane de noyer.

Feuille sèche de noyer... 5 grammes.
Réglisse. .... 10 gr.
Pour un litre. Une heure d'infusion.

Tisane pectorale.

Fleurs pectorales........ 5 grammes.
Réglisse contuse......... 5 gr.
Eau bouillante........... 1 litre.
Une heure d'infusion.

Tisane de riz.

Riz...................... 10 grammes.
Eau. .... *Q. S.*

Pour un litre de décoction suffisamment prolon-gée, à laquelle on ajoutera :

Sirop..................... 30 grammes.

Tisane de valériane.

Racine de valériane.....   5 grammes.
Eau bouillante..........   Q. S.

Pour un litre d'infusion longuement prolongée, que l'on additionnera de

Sirop.....................   30 grammes.

Les tisanes qui suivent, devront, autant que possible, être préparées chez les malades, et pour chaque litre de tisane, il sera habituellement prescrit les quantités que nous indiquons en regard du nom de chacune d'elles [1].

Absinthe..................... 5 gr. — M. 20 gr.
Une heure d'infusion.

Anis.......................... 8 gr. — M. 30 gr.
Deux heures d'infusion.

Armoise...................... 8 gr. — M. 30 gr.
Une heure d'infusion.

Arnica (fleurs).............. 4 gr. — M. 15 gr.
Une heure d'infusion.

---

[1] Lorsqu'elles seront préparées par les Sœurs, elles seront édulcorées comme les tisanes similaires dont précède le mode de préparation ; dans aucun cas, la dose de sirop ne devra dépasser 30 grammes par litre.

Bourrache (feuilles)......... 8 gr. — M. 30 gr.
 Infusion d'une heure.

Bourrache (fleurs).......... 4 gr. — M. 15 gr.
 Infusion d'une heure.

Guimauve (racine de)....... 8 gr. — M. 30 gr.
 Trois heures d'infusion.

Houblon.................... 5 gr. — M. 20 gr.
 Légère décoction.

Lierre terrestre............ 5 gr. — M. 20 gr.
 Infusion d'une heure.

Lin........................ 5 gr. — M. 20 gr.
 Légère décoction.

Mélisse.................... 5 gr. — M. 20 gr.
 Infusion d'une heure.

Mousse de Corse........... 10 gr. — M. 30 gr.
 Décoction.

Noyer (feuille de).......... 8 gr. — M. 30 gr.
 Infusion d'une heure ou légère décoction.

Oranger (feuille)........... 5 gr. — M. 20 gr.
 Infusion d'une heure.

Orge...................... 15 gr. — M. 60 gr.
 Décoction prolongée, passer à clair.

Patience (racine).......... 8 gr. — M. 30 gr.
 Trois heures d'infusion.

Quassia amara.............. 4 gr. — M. 15 gr.
> Une heure d'infusion à l'eau bouillante ou cinq à six heures à l'eau froide.

Quinquina.... .... 4 gr. — M. 15 gr.
> Trois heures d'infusion.

Sassafras.................. 10 gr. — M. 40 gr.
> Deux heures d'infusion.

Sauge..................... 5 gr. — M. 20 gr.
> Une heure d'infusion.

Sureau (fleur de)........... 4 gr. — M. 15 gr.
> Infusion d'une heure.

Tilleul.................... 5 gr. — M. 20 gr.
> Infusion d'une heure.

Thé de Suisse (V. Faltranck) 5 gr. — M. 30 gr.
> Deux heures d'infusion.

Valériane (racine)......... 5 gr. — M. 20 gr.

V

Vin d'absinthe.

Absinthe................. 20 grammes.
Vin blanc................ 1 litre.
Alcool .... 50 grammes.
M.   250 gr.

Vin de gentiane.

Gentiane coupée.......... 20 grammes.
Vin blanc.................. 1 litre.
Alcool............. .... 50 grammes.
M. 250 gr.

Vin de quinquina.

Quinquina jaune.......... 30 grammes.
Vin blanc.................. 1 litre.
Alcool.................·..... 50 grammes.
M. 150 gr.

Bordeaux, le 5 Août 1860.

CH. DE PELLEPORT, *Président,*
FAURÉ, *Vice-Président,*
MÉRAN, *Secrétaire,*
ALPH. ARNOZAN,
A. BARBET,
BOUSSIRON,   *Membres*
GELLIE,   *de la Commission.*
GONTIER,
SEGAY,

EXTRAIT
DU REGISTRE DES DÉLIBÉRATIONS

Séance du 30 Octobre 1860

Présidence de M. CASTÉJA, maire.

Présents :

MM. CASTÉJA, maire, *président*,
E. LATASTE, *doyen*,
A. LALANDE,
Dd MARX,   } *Administrateurs*
Vte Ch. de PELLEPORT,
J.-B. COUVE,

Assiste à la Séance : M. VIRAC, *secrétaire*.

L'ordre du jour indiquant la lecture et la discussion du Rapport de la Commission spéciale instituée par délibération du 7 Mars 1860, pour présenter un projet de révision du Formulaire pharmaceutique actuellement en vigueur, la parole est donnée à M. Charles de Pelleport, président de cette Commission.

Cet honorable administrateur s'exprime en ces termes :

MESSIEURS ET CHERS COLLÈGUES,

Depuis longtemps, voyant que le nombre des indigents secourus par le Bureau de Bienfaisance n'augmentait pas, et que cependant les dépenses du service pharmaceutique tendaient tous les jours, en s'élevant, à atteindre le chiffre exagéré de 1851 [1], vous décidâtes, le 7 Mars 1860, qu'une révision du Formulaire aurait lieu, et qu'un Rapport spé-

---

[1] De 1851 à 1859, les dépenses pharmaceutiques ont subi les variations suivantes :

1851......	36,771f 29c
1852 (époque de la révision du Formulaire actuel)............	24,134 20
1853...............................	22,870 15
1854..........	29,764 88
1855............ ....:.....	28,708 89
1856...............................	30,528 54
1857....................•	32,190 15
1858............................	28,489 57
1859............................	27,247 12
1860...:........ ....•......	33,000 envir.

N.B. Il résulte de ce tableau qu'avant la révision de 1851, la dépense était de 36,771 fr.; qu'elle descendit après la révision à 24,000 fr. et que depuis cette époque elle augmente tous les ans.

cial vous serait présenté afin de vous mettre à même d'apprécier les causes de cette incessante augmentation.

La Commission constituée par la délibération plus haut indiquée, et composée, sous ma présidence, de MM. Fauré, vice-président des docteurs ; Segay, Boussiron, Gellie et Méran, et de MM. Barbet, Arnozan et Gontier, pharmaciens, s'est réunie plusieurs fois, et après un très-long examen, a décidé que le Formulaire actuellement en usage serait modifié d'après un plan tout nouveau.

J'ai l'honneur de vous présenter le rapport qu'elle vous adresse à ce sujet, ainsi que le texte du nouveau Formulaire et le tarif des médicaments.

Avant toutefois de vous donner lecture de ces trois documents, permettez-moi de vous présenter quelques observations.

I

Afin d'arriver à pouvoir vous rendre compte d'une manière bien exacte de l'état de la question, j'ai demandé à un certain nombre de Bureaux de Bienfaisance de France, aux hospices de Bordeaux, à l'Administration des médecins cantonnaux, ainsi qu'à des sociétés de secours mutuels, le chiffre de leurs dépenses pharmaceutiques ; c'était le seul moyen à employer pour savoir si réellement vous dépensiez trop d'argent en médicaments. Tous ces documents me sont parvenus ; je les joins au dossier, ainsi qu'un exemplaire des divers formulaires [1], qui ont été en usage dans votre Administration, de 1809 à ce jour.

Après avoir analysé tous ces renseignements, je suis arrivé à constater que le système pharmaceutique des autres administrations charitables est le même que le vôtre ; qu'ils donnent à leurs malades des soins aussi complets que les vôtres ; qu'ils fournissent comme vous des bains, des bandages, des sangsues, et que, malgré cela, la somme qu'ils consacrent annuellement à l'entretien de ce service est bien moindre que celle que

---

[1] Ces divers formulaires portent les dates suivantes : 28 Juillet 1809 ; — 3 Septembre 1825, — 29 Novembre 1834 ; — 10 Juillet 1842 ; — 26 Novembre 1852.

le Bureau de Bienfaisance de Bordeaux se voit forcé de voter chaque année dans le même but.

C'est ainsi que :

Les hospices de Bordeaux dépensent en moyenne et par malade............... 2ᶠ 90*

Les communes de la Gironde dont les pauvres sont secourus par les médecins cantonnaux............... 1 40

Les Bureaux de Bienfaisance :

—	de Toulouse.........	1 11
—	de Strasbourg.......	1 37
—	de Nantes..........	1 50
—	de Versailles........	» 91
—	d'Angers............	2 »
—	de Metz.............	1 54
—	de Marseille [1]	1 01

---

[1] *Tableau indiquant, par établissement, le nombre des personnes inscrites, et la dépense totale* (traitements des médecins non compris).

1º Hospices de Bordeaux

pour.................. 11,312 { malades inscrits } 30,776ᶠ »ᶜ

2º Indigents ruraux..... 12,687 — 18,558 »

3º Bureau de Bordeaux. 9,766 — 27.247 »

4º — de Toulouse... 16,395 — 14,800 »

Le Bureau de Rouen............ 1 92

  — de Lille.............. 1 02

  — de Besançon........ 1 77

Vous dépensez en moyenne [1] ... 3 38

Je ne parle pas de la dépense des sociétés de secours mutuels qui est en moyenne de

5° Bureau de Strasbourg.	7,000 malad Insc.,	9,622	»
6° — de Nantes......	10,000 —	15.000	»
7° — de Versailles..	3,303 —	3,000	»
8° — d'Angers.......	8,000 —	4,000	»
9° — de Metz........	4,830 —	7,500	»
10° — de Marseille...	25,700 —	25,382	»
11° — de Rouen......	11,000 —	21,148	»
12° — de Lille........	11,526 —	11,291	»
13° — de Besançon..	6,212 —	3.500	»

[1] *Tableau indiquant la dépense du Bureau de Bordeaux par Maison de secours :*

				Moyenne.
1re Maison pour 1,478 inscrits ,	3,027f 86c	2f 04c
2e —	1,078 —	4,129 82	3 83
3° —	1,609 —	4,303 72	2 67
4° —	1,410 —	3,904 82	3 51
5° —	1,476 —	4,355 92	2 95
6e —	2,344 —	5,267 16	2 24
7° —	347 —	923 02	2 67
8° —	327 —	1,334 86	4 08

2 fr. : leur personnel presque aisé étant naturellement moins sujet aux maladies que celui de vos Bureaux.

Il ressort de ces explications, qu'il est hors de doute que votre service pharmaceutique, qui est établi sur les mêmes bases que celui des autres Bureaux de France, coûte plus cher.

Il existe donc un vice radical dans votre organisation. C'est ce vice qu'il faut rechercher et, une fois que vous l'aurez trouvé, qu'il faudra énergiquement poursuivre.

Votre tarif est-il trop élevé? Je ne le pense pas. Y a-t-il des abus dans la distribution des médicaments? Ce n'est pas admissible, aucune plainte n'ayant été formulée : vous ne sauriez l'admettre. Ce qu'il y a, c'est que MM. les Médecins usant avec trop de facilité de l'*ordonnance par exception*, mettent bien souvent de côté les prescriptions du Formulaire, et arrivent à faire dans vos Maisons de la médecine trop coûteuse. La meilleure preuve de la véracité de cette induction, c'est qu'aucune de vos Maisons ne fait, eu égard à sa population, une dépense identique

de médicaments. Celle qui dépense le plus,
dépense 4 fr. 08 c., celle qui dépense le
moins 2 fr, 04 c., et toutes les autres 3 fr.,
83 c., 2 fr. 67 c., 3 fr. 51 c., 2 fr. 95 c.,
2 fr. 24 c. et 2 fr. 67 c. Il est donc hors de
doute que les mêmes maladies régnant à peu
près partout, ces écarts si divers dans la dépense individuelle de chaque Maison, provien-
nent d'un mode de médicamentation plus ou
moins luxueux.

Que devez-vous faire, Messieurs, dès que
le nouveau Formulaire aura été approuvé?
Vous devez en appeler au dévouement bien
connu de MM^mes les Supérieures et Directrices de vos Maisons et de MM. les Médecins;
leur bien faire comprendre la situation dans
laquelle se trouve l'Administration; leur signa-
ler les graves inconvénients qui résulteraient
pour vos pauvres, que dis-je? pour les leurs,
s'ils venaient à persister dans l'ancienne voie;
puis, adopter des règlements d'exécution très-
sérieux, et tenir constamment la main à leur
rigoureuse application.

Les Bureaux de Bienfaisance ne peuvent
faire de la médecine de luxe, comme le disait

M. le Préfet dans sa circulaire du 26 novembre
1858, il faut avoir le courage de le proclamer
hautement : « Laissons aux malades imaginai-
« res et opulents les médicaments dont sou-
« vent la cherté fait tout le mérite , et ne met-
« tons à la disposition de nos médecins que
« les substances actives dont ils peuvent avoir
« besoin ; interdisons-leur radicalement la fan-
« taisie. » Ce que vous devez encore demander expressément à MM. les Médecins, c'est
qu'ils veuillent bien formuler en employant les
termes mêmes du Formulaire, termes calculés
et économiques. En agissant ainsi , ils écono-
miseront force centimes par ordonnance , et
comme ils en délivrent de 15 à 20,000 par
an, à la fin de l'année , une sérieuse économie
aura été réalisée.

Je suis convaincu , Messieurs et chers Collègues, que le cordial concours de MM. les
Médecins ne vous fera pas défaut en cette cir-
constance : ils comprendront que vous êtes
comme eux, profondément pénétrés que les
pauvres malades doivent être aussi complè-
tement, aussi efficacement secourus que leur
état l'exige ; que vous devez leur fournir

tous les remèdes nécessaires; mais ils comprendront également que l'intérêt de ces mêmes pauvres exige impérieusement que vous apportiez dans cette branche du Service, comme dans toutes les autres, toute l'économie possible ; le Bureau de Bienfaisance ne dispose que d'une somme fixe : plus un service lui coûte , le service médical, par exemple , plus il est obligé de restreindre les autres dépenses ; plus il est obligé de payer pour les remèdes, moins il peut donner de pain , de bois, etc., etc. Ce n'est donc pas au *profit de votre Administration ou de la ville de Bordeaux* , mais au profit des pauvres que doivent tourner les économies que MM. les Médecins vous feront réaliser.

Soyez—en certains, Messieurs et chers Collègues, tout est là. Que le Formulaire que vous allez adopter soit observé dans l'application et surtout dans la formule , et le but que nous poursuivons tous sera atteint.

Le rapport de la Commission vous fera connaître, dans les plus grands détails, les travaux auxquels elle a dû se livrer. Quant à moi, après avoir payé à chacun de MM. les Membres de la Commission un juste tribut de remercîments, et notamment aux honorables MM. Fauré, vice-président, et Méran, secrétaire, je crois devoir vous proposer, non-seulement l'adoption du Formulaire précité, mais encore le vote de certaines dispositions administratives qu'il est nécessaire de prendre pour faciliter l'exécution de la nouvelle règle.

II

Je vous propose, Messieurs et chers Collègues :

1° D'adopter le Formulaire présenté, en décidant l'abrogation des Formulaires antérieurs ;

2° D'interdire, de la manière la plus formelle, la prescription de tous médicaments non inscrits audit Formulaire ;

3° De décider que toute prescription non conforme au Formulaire, sera laissée pour compte, toute ordonnance par exception étant d'ailleurs abolie ;

4° D'inviter MM. les médecins à ne donner aucun soin à des indigents non portés sur la liste nominative qui sera dressée chaque mois et qui ne seraient pas porteurs de lettres closes ou de cartes d'inscription ;

5° De les prier également de ne point régulariser, par des ordonnances postérieures, toute médicamentation qu'ils n'auraient pas prescrite en couvrant ainsi de leur responsabilité des prescriptions étrangères;

6° De créer près vous, un comité médical et pharmaceutique permanent et dans lequel vous appellerez ceux de MM. les membres de la Commission temporaire qui se seront fait remarquer par leur zèle et leur dévouement pour le soih des pauvres. Ce Comité sera chargé :

1° *De modifier le Formulaire lorsqu'il y aura lieu ;*

2° *D'inspecter les pharmacies comme la loi l'exige ;*

3° *De vous faire tous les ans, et lorsque besoin sera, un rapport sur la marche du service.*

7° De maintenir l'institution de la Commission actuelle de vérification des comptes et ordonnances ;

8° De soumettre la nomenclature des remèdes

autorisés à l'examen préalable de MM. les Médecins du Bureau.

Peu de mots me sont nécessaires, Messieurs et chers Collègues, pour vous faire saisir la nécessité absolue d'adopter les mesures réglementaires que j'ai l'honneur de vous proposer.

Sous les n°s 1, 2, 3, 4 et 5 de ce titre, je vous demande de fixer d'une manière positive comment MM. les Médecins doivent accorder leurs soins. Il ne saurait y avoir de difficulté à ce sujet : c'est la sanction même du Formulaire. Quant aux propositions relatives à la création d'un comité médical et pharmaceutique, au maintien de celui de vérification et à l'enquête à ouvrir parmi MM. les Médecins des Bureaux (n° 6, 7 et 8), elles me semblent indispensables.

Il est urgent que vous ayez près de vous, comme cela se pratique aux hospices, une réunion permanente d'hommes spéciaux chargés d'étudier les questions spéciales et devant vous faire comprendre leur côté pratique. Un rapport annuel vous fera connaître tous les besoins du service et lui imprimera une vigoureuse et salutaire impulsion.

Je n'insiste pas également sur la nécessité de maintenir l'institution du comité de vérification et de demander à MM. les Médecins et Pharmaciens de l'Administration, leur avis, non pas sur la forme même du Formulaire, mais sur la nature des substances à employer : l'abolition de l'ordonnance par exception rend cette mesure très-utile [1].

Telles sont les observations générales que j'ai l'honneur de vous présenter, et je suis convaincu qu'instruits par l'expérience et armés de tous les documents que j'ai recueillis, vous arriverez en régularisant l'un de vos plus importants services, à réaliser des économies et à compléter d'une manière heureuse le travail général de réorganisation que vous avez décidé.

III.

(Ici M. l'Administrateur donne lecture du rapport de la Commission de révision du Formulaire, du tarif arrêté et d'un projet de délibération.)

---

[1] Cette enquête a été ouverte, et la Commission a statué sur les quelques réclamations qui lui ont été adressées.

Sur quoi, après discussion,

LE BUREAU DE BIENFAISANCE,

Vu le Formulaire proposé par la Commission spéciale chargée de sa confection et arrêté par elle ;

Vu les procès-verbaux de la dite Commission ;

Vu le rapport de M. l'Administrateur chargé de la surveillance du service médical et pharmaceutique ; .

Considérant que les dépenses toujours croissantes occasionnées par les médicaments nécessitent absolument des changements et des modifications radicales dans le Formulaire actuellement en vigueur, ainsi que l'adoption de mesures sévères destinées à prévenir l'introduction de tout abus dans ce service important ;

Considérant que le Formulaire présenté à son adoption, en supprimant les ordonnances par exception et en introduisant dans sa nomenclature toutes les prescriptions nouvelles raisonnablement utiles, donne satisfaction aux droits de l'humanité ainsi qu'à ceux de la science ;

Considérant, en outre, qu'il y a lieu, tout en conservant l'institution de la Commission temporaire chargée de vérifier les comptes et ordonnances médicales, d'organiser une Commission permanente de médecine et de pharmacie ;

DÉLIBÈRE :

ARTICLE PREMIER.

Le Formulaire pharmaceutique et le tarif y annexé, arrêtés par la Commission spéciale dans sa séance du 6 août 1860, sont adoptés pour être mis immédiatement en vigueur.

ART. 2.

Les Formulaires antérieurs sont abrogés, sauf en ce qui concerne la disposition indiquée en l'article 6 ci-après.

ART. 3.

MM. les Médecins seront invités à se conformer strictement au Formulaire, à ne se servir, sous aucun prétexte, *de préparations ou remèdes non portés sur le dit Formulaire.*

ART. 4.

Toute ordonnance contraire aux prescriptions du Formulaire *ne sera pas admise à la
vérification* ; il en sera de même de toute
ordonnance ne portant pas le nom et le domi-
cile du chef de famille, et le numéro d'ordre
dont la carte est revêtue.

ART 5.

Sous aucun prétexte, MM. les Médecins ne
pourront délivrer des ordonnances à des pauvres malades qui ne leur représenteraient pas
la lettre close ou la carte régulière délivrée
par le Bureau de Bienfaisance. *Ils ne pourront
également régulariser, par des ordonnances
postérieures ou en blanc, des prescriptions
données par d'autres qu'eux-mêmes.*

ART. 6.

Les dispositions réglementaires portées à
l'ancien Formulaire et relatives aux tisanes,
sangsues, ventouses et bains, sont et demeurent
maintenues.

ART. 7.

Les bandages seront délivrés par le banda-
giste du Bureau et posés par ses soins, le tout

sur ordonnances spéciales de MM. les Médecins ; il fournira également les bougies, sondes
et canules en gomme élastique.

Art. 8.

Les éponges et la glace qu'il serait indispensable d'employer dans certains cas spéciaux
seront ordonnées, par MM. les Médecins, sur
des ordonnances spéciales, fournies par les
Sœurs ou Directrices et portées en dépense en
un article séparé ; les Sœurs devront également avoir à la disposition de MM. les Médecins, un certain nombre de seringues et de
bains de siége, faisant partie du matériel de
la Maison et qui leur seront fournis par l'Administration.

Art. 9.

Il en sera de même des prescriptions pharmaceutiques que les Sœurs ne peuvent prépa-
rer elles-mêmes et qu'elles doivent, confor-
mément à la loi, prendre dans les pharmacies
de la ville.

Art. 10.

Il est institué près le Bureau de Bienfaisance un Comité médical et pharmaceutique
ayant pour mission :

1° De donner son avis à l'Administration sur toutes les questions médicales et pharmaceutiques qui peuvent se présenter ;

2° De réviser le Formulaire lorsqu'il y a lieu ;

3° D'inspecter les Pharmacies ;

4° De présenter, tous les ans, un rapport général sur l'ensemble du service médical et pharmaceutique.

Art. 11.

Ce Comité se compose :

D'un Administrateur-Président.

De quatre Médecins et de quatre Pharmaciens nommés pour quatre ans et choisis par le Bureau parmi les membres de la Commission temporaire dont il est parlé dans l'article suivant. Ce Comité est renouvelable par quart, deux chaque année ; le sort désigne les six premiers membres sortants, les deux derniers le sont par ancienneté.

Le Vice-Président et le Secrétaire de la Commission sont nommés chaque année par le Bureau.

Art. 12.

Chaque mois, une Commission temporaire

trimestrielle composée de deux médecins pris parmi les Médecins du Bureau de Bienfaisance suivant l'ordre du tableau, et de deux Pharmaciens pris parmi ceux que le Bureau aura choisis à cet effet, se réunira sous la présidence de M. l'Administrateur–Président du comité médical et pharmaceutique au siége de l'Administration pour vérifier les ordonnances de médicaments.

Tout article en contravention aux dispositions mentionnées aux présentes et non conforme au Formulaire en vigueur, *sera éliminé des comptes, ou tout au moins réduit quant aux chiffres, aux proportions arrêtées par le Formulaire.*

Art. 13.

Il n'est point dérogé par la présente délibération aux dispositions de l'article 12 du Règlement du service médical du 31 décembre 1854.

Art. 14.

Des remerciements sont votés à la Commission de révision.

ART. 15.

La présente délibération et le Formulaire qui y est annexé, après avoir été communiqués à MM. les Médecins et Pharmaciens de l'Administration, seront soumis à l'approbation de M. le Préfet de la Gironde ; après quoi il seront imprimés et distribués à qui de droit.

En séance, à Bordeaux.

Signés : CASTÉJA, *Maire, Président.*
E. LATASTE, *Doyen.*
A. LALANDE.
D. MARX.
Ch. DE PELLEPORT.
J.-B. COUVE.

Pour ampliation :

Le Doyen des Administrateurs,

E. LATASTE.

Vu et approuvé :

Bordeaux, le 2 février 1861.

Le Préfet de la Gironde,

E. DE MENTQUE.